如果生物课都这么有趣！
【动物知识喷笑漫画】猪狗猫激萌演出，笑到你满地找头！
10秒钟教室(Yan)著

作者序

大家好！我是 10 Seconds Class - 10 秒钟教室的作者 Yan。我从小就很喜欢看漫画，《蜡笔小新》《梦幻游戏》《闪灵二人组》等都是我很爱的作品。（顺道一提，我最近迷上九井谅子老师的《迷宫饭》，真的是太好看了啦。）去年出了第一本书《10 秒钟美食教室：秒懂！那些料理背后的二三事》之后，就一直思考着还可以用怎样的方式呈现有趣的知识，此时突然一道灵光闪过（柯南？），对啊！我最喜欢的漫画！如果能边看有趣的漫画，边从里面得到知识，那不就太棒了吗？于是这本书就诞生了，也顺便一圆我以前想当漫画家的小小梦想。♥

这本《如果生物课都这么有趣！》是我很喜欢的动物主题，从学校、公司、爱情、家庭、超现实等不同面向，创作了许多角色的故事（登场人数超过 50 位！超级豪华的阵容！记得去书皮背面看看人物关系图哦），画的时候也觉得很开心，希望你在读完这本书之后，除了心情愉悦外，也能收获有趣的小知识哦！

目录

CHAPTER 1 “好特别”的同学们

CHAPTER 2 珍写汉无限公司

CHAPTER 3 哎哟，你们在干什么啦！

CHAPTER 4 他们家怪怪的

CHAPTER 5 解救地球的超能战士

CHAPTER 1

“好特别”的同学们

大象不能跳？蝙蝠很爱呱呱叫？蛇为何老是瞪着大眼睛？红鹤一定是红的？同学们的特异功能真的很微妙……

01 误会好大的服仪检查

红鹤天生就是红的？

红鹤又叫火烈鸟，人们对它的第一印象往往来自那带点橘又强烈的粉红色。其实红鹤并不是一出生时就是这个颜色的哦！

鹤宝宝是白中带点灰色的哦！

动物园在饲养红鹤时发现，吃饲料的红鹤竟然都不会变红，这才知道原来红鹤变红的秘密就藏在食物里！野生的红鹤以海草、虾蟹、浮游生物为食，而许多虾蟹中含有丰富的“β 胡萝卜素”，这会促使红鹤的毛色变红。所以一生都没吃到 β 胡萝卜素的红鹤就会是白色的哟！

啊……原来我小时候这么白呀……

02 我怕体能测验

小翔，全班只剩你还没有考试了！
不情不愿
哈……一定要测验吗……
跳箱
哇啊！
全倒
跨栏
哎呀……
全倒
没关系啦！不会跳又怎样？老师以前数学也都考零分啊！
呜呜……我真是太没用了……我不活了……

大象跳得起来吗？

跳跃对一般人来说，是非常简单的一件事，
但对陆地上最大的哺乳类动物——大象而言，
却是非常困难的！为什么呢？

如果真的挑起来，
大象也会受伤哦！

还好我一生都
用不到跳！

和大多数的哺乳类动物不同，大象负责跳跃的关节相当不灵活，而且以大象的体重来看，如果跳跃的话，坠地时四肢可能会因为无法承受身体重量而瘫痪哦！不过说真的，大象其实根本不需要跳跃啦！

03 坏脾气的阿福

小翔，今天要不要来我家玩？我买了新电动哦！
啊！好呀！今天也没事……
阿姨好！打扰了……
小翔今天在我们家吃饭哦！
小翔要来怎么没先跟妈妈说？妈妈都没准备耶！
这孩子！怎么这样跟妈妈说话！
那就去买菜啊！老太婆！
阿姨！我没关系……
阿福！给我站住！
吵死了！
我……先回家了……

吵架王是谁？

一群蝙蝠聚集在一起时，常常发出高频率的噪音，
就像在暴怒吵架一样！他们到底在说些什么？
经过科学家的研究后，还真的找到了答案！

蝙蝠跟不同蝙蝠对话时音色也会随之改变哦！
好饿哦！我要吃饭啦！老太婆！
你说什么！

研究员搜集了 15,000 种蝙蝠叫声进行分析，结果发现，它们还真的大部分都在吵架！这些叫声大致可分为四类：(1) 为了争夺食物而吵；(2) 为了睡觉位置而吵；(3) 抗拒交配而吵；(4) 抱怨别人离它太近。总之，蝙蝠还真的是什么琐事都能吵架呢！

04 你好没礼貌

怎么了，阿福？一脸闷闷不乐的样子？
是阿涉啊……唉……我最近真的有很多烦恼，很低潮……
说出来会比较好哦！我可以当你的垃圾桶啊！
我最近跟妈妈经常吵架，然后考试也考不好……
吐舌
常常在想活着的意义是什么……
噗噜噗噜……
怒
什么吗！人家在讲正经事你在那还……不讲了！
离场
咦？我刚刚有什么异样吗……

舌头干吗吐个不停？

你对蛇的印象是什么？
光滑的身体，细长的瞳孔，还是那不断吐出的分岔舌头？
究竟蛇为什么会一直吐舌头呢？

其实蛇不太会主动攻击人类的哦！

其实，蛇的视觉与嗅觉并不太好，所以它们透过吐舌来获取信息（蛇的舌头又称为蛇信）。每当蛇吐出舌头时，尾端的分岔可以更有效地带走空气中的气味分子，并在收起舌头时将这些信号传回脑部。这些信号可以是猎物的行踪、交配对象的费洛蒙等，使得蛇在追击时，能更准确地知道方向与来源哦！

不自觉地就想要吐舌头。

05 猪队友的作弊术

天啊！我完全忘记了这件事！
奥英早安，今天的模拟考，你准备得如何？
眼睛怎么转不过去啊……
奇怪……
焦躁
紧张
我待会儿考卷会放得离你近一点，你就偷瞄我的！
真拿你没办法！
只好用这招了……
我果然是一题看不懂……
你们两个，考完来找老师！
哇……你这样太明显了啦！
转
糟糕，时间要不够了……好吧！

谁的眼球无法转动？

猫头鹰有着圆滚滚的大眼睛，视力也是人类的好几倍，
这是因为他们的眼睛构造和人类截然不同，
严格来说，并不能称为“眼球”，应该是“眼柱”哦！

为了保护珍贵的眼睛，猫头鹰一般都有三层眼皮哦！

猫头鹰的眼睛具有许多的柱状细胞，这意味着它们在昏暗的光线下也能看得很清楚！不过因为这个构造，它们只能直勾勾地看着前方，无法像人类一样斜眼看人。不过对于脑袋可以 270 度旋转的猫头鹰来说，这也不是什么大问题啦！

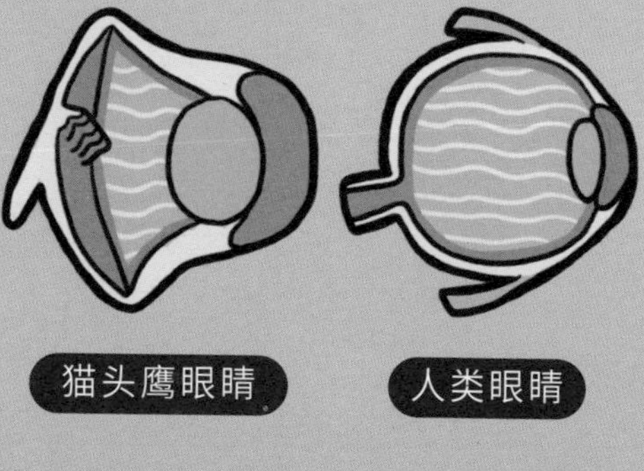
猫头鹰眼睛
人类眼睛

06 天黑请闭眼

大家好！我们来玩狼人杀游戏！有谁要一起玩？
好啊！好久没玩了哦！
我加入！
我也要！
那开始了哦！天黑请闭眼……
好紧张哦！嘻嘻！
紧张
兴奋
希望不要第一个杀我……
阿涉……你到底要不要闭？
到底要开始了没？
不耐烦
都开两分钟了耶！
我……在努力闭眼了……

睡觉不可以闭眼？

睡觉的时候闭上眼睛，对我们来说是再自然不过的事了，
不过有很多动物是睁着眼睛睡觉的哦！
像蛇就是最好的例子！

根据统计，每五个人之中就有一个人会害怕蛇哦！

与其说是不闭眼，倒不如说是根本没有办法闭眼！因为蛇的眼睛构造跟人类很不一样，缺少了眼睑的部分，所以自然是无法闭上的。不过蛇的眼睛上有一层特殊的保护膜，可以抵挡泥沙以及脏污，所以即使不闭眼睛，眼珠也不会疼痛！另外大部分的鱼类也因为没有眼睑，所以都是睁着眼睛睡觉的！

上课可以光明正大睡觉啦！

07 便便请冲水

好啊！又有人上厕所不冲水！
熏天
臭气
到底是谁？我今天一定要把他揪出来！
哪是我啦！
不知道耶……
好啊！都没人肯承认……
不是我哦……
慢着！刚刚那个大便的形状，好像是……
灵光
乍现
凶手就是你！戴世雄！
被发现了……
你的大便已经出卖你了！

方形便便是谁的？

澳洲除了无尾熊与袋鼠之外，还有一种奇特的动物——袋熊！
袋熊除了会将宝宝放在育儿袋里抚养外，
更令大家惊奇的是，它们的大便竟然是方形的哦！

熊里最受大家喜爱的
是塔斯马尼亚袋熊哟！

袋熊大便方正且无臭，在澳洲当地除了会拿来当肥料之外，还被当成纪念品（有人会想买吗？）。至于为何会大出这样的大便呢？因为袋熊的消化系统十分缓慢，大便在肠胃中压缩得非常干燥，所以排出时也不会因为肠道的形状而变成长条形。而方形的大便因为不会乱滚，还会被袋熊拿来标记领土呢。

出来的时候屁屁
都有点痛……

08 谁偷了我的早餐

排很久才买到的说
记得是放在讲台上没错啊……
奇怪……我的早餐呢？
啊！是朱美美呀，就是那家很有名的抹茶三明治啦。
老师！我来帮您找吧！您早餐是吃什么？
嗅嗅
嗅嗅
戴—世—雄！
哇！我都吃完了你也闻得到……
老师，凶手就是他！

谁是好鼻师？

说到嗅觉灵敏，你可能会想到狗狗，
其实，猪的嗅觉要比狗灵敏很多哦！

国外甚至有训练猪来嗅地雷哦！

据说，法国人在寻找名贵的食材“松露”时，正是利用猪的灵敏嗅觉，在广大的树林里找寻的！不过猪虽然很会找松露，却也很会吃，有时候一找到松露，主人还来不及采集，一眨眼就被吃进猪的肚子里了！而且猪的耐战力不足，往往一两个小时就累了。而狗虽然嗅觉不如猪，但容易训练、续战力高，因此越来越多人以狗取代猪喽！

虽然嗅觉灵敏，但是太懒惰了啦！缉毒什么的不适合我来做！

09 该叫爸还是妈

老婆……你怎么走得这么早，丢下我跟孩子……
呜呜呜……妈妈……
呜呜呜……爸爸……
好！从今天起，我就来代替妈妈的角色吧！
我们一起
打起精神
以上就是我爸爸变成妈妈的故事。
老师好，我们家莫尼就拜托您喽！
哇……真是有冲击性的一个家庭呢。

小丑鱼可以性转变？

说到小丑鱼，许多人都会想到迪斯尼的动画《海底总动员》，
在当时还造成了一股饲养小丑鱼的风潮！
不过在正式世界中，尼莫的爸爸可能会变成妈妈哦！

一般来说雌鱼的体型会比雄鱼大得多哦！

我穿起女装也是有模有样的吧！

小丑鱼是属于母系社会的动物，一般一个群体中只会有一只雌鱼，而其他（包括生下来的宝宝）都清一色是雄鱼。不过，在领导的雌鱼去世或离开之后，雄鱼中的老大就会来个“性转变”，彻彻底底地变成雌鱼，并担任起传宗接代的任务，可谓真正的“父代母职”呀！值得一提的是，这个转变是不可逆的，一旦变成雌鱼后，就不能再变回雄鱼喽！

10 百万猜谜挑战赛

欢迎收看百万猜谜挑战赛，我是主持人何玛丽。
白色这边是我们的卫冕者：施丸！
红色是我们今天的挑战者，来自蘑菇中学的朱美美同学！
大……大家好……
不好意思啦……小妹妹，哥哥我可是不会手下留情的……
制作单位是什么意思吗？派了个中学生来PK我，还是只猪呢，呵呵……
恭喜！朱美美同学压倒性获胜！得到百万元奖金！
57450
320

动物园里的学霸？

猪是一种评价相当两级化的动物，有些人觉得可爱，却也常常被拿来作骂人的话，如“你跟猪一样笨！”但是，猪其实很聪明的哟！

猪的平均智力比一般的猫狗要高哦！

专家研究发现，猪不但一点都不笨，在全世界已发现的数十万种动物中，它的智力甚至可以名列前茅！它们不但能辨识镜中的自己、擅长长时间的记忆、辨别简单的形状及符号，伙伴间也会相互学习与合作！所以，当有人再骂你“像猪一样笨”时，你或许可以反问他：“你真的了解猪吗？”

人……人家可是全校的学霸呢！

11 被误会的转学生

各位同学，这是今天新来的转学生，他叫刘摩王。
大家要好好跟他相处哦！
摩王，你先去那边领你的书包和课本……
……啊
糟糕！我忘记书包是红色的！
我今天还特地穿黄色……
吼嘎！
听说牛看到红色都会发怒呀！
救命啊！
呀啊！
咦？怎么这么平静……啊，没事，老师自言自语……
淡定
老师，我拿好了，请问我要坐哪里？

红色让牛发怒？

斗牛是西班牙的传统活动，斗牛士挥舞着鲜艳的红布，
而牛总会发狂似地朝红布冲过去，
究竟，牛真的讨厌红色吗？

西班牙会专门培育为了竞技，生性凶猛的牛哦！

我看到的红色是接近黄褐色哦！

其实这是人们长久以来的误会，因为牛根本看不到红色！更明确地说，牛属于红绿色盲，所以刺激斗牛的，其实是挥舞的动作，而非红色的布哦！至于为何斗牛士都会选择红色的布，一方面也是因为红色更能激起观众的热情吧！不过，每年因为斗牛造成许多伤亡，也有虐待动物的疑虑，许多地方都已经禁止了哦！

CHAPTER 2

珍写汉无限公司

负鼠装死的技巧无敌高超，想买超甜水果请教蝴衣姐就对了，被长相可爱的羊驼吐到保证后悔一辈子……公司里的同事真的太妙了！！！

12 好神的超能力

我要去买水果，有人要一起去吗？
啊！我跟你一起去吧。
就买这个苹果吧……
慢着！
我挡
摸
摸
什么？你刚刚做了什么？告诉我嘛！蝶衣姐……
崇拜
这些水果都不甜，我们去下一间吧！

味道用摸的？

蝴蝶姿态美丽，是很多人喜欢的昆虫，但你可能不知道，
它们有一个特殊能力：只要摸一下，
就知道食物好不好吃！
这是怎么办到的？

蝴蝶触角能侦测花朵香味，距离可以长达两公里哦！
这些苹果摸起来真好吃！

原来，蝴蝶的味觉器官是在脚尖端的胫节及跗节上。因此当它们在花朵上停留时，就可以借脚来判断食物是否能吃以及美不美味。另外，蝴蝶虽然是用长长的口器进食，但口器却感受不到任何味觉哦！

13 就是爱装死

淑莉，今天晨会轮到你提报耶，你准备得如何？
啊！糟糕！人家完全忘记了这件事啦！怎么办？
汪汪泪眼
咦？档案都跑不出来耶！我只好下次再提报了！
真会装死……
咦？但你报表不是还没做完吗？
今天真没心情上班，我要来逛网店，嘻嘻！
切
淑莉，这一季的报表做得如何了？
发哥，人家已经弄一上午了，还没好啦！
真会装死……

最擅长装死的是？

常常装死的同事你可能见过，
但自然界中可是有一种动物，
擅长的是名副其实的“装死”哦！

负鼠装死时，还会散发出类似尸臭的臭味哦！

咦？人家是真的什么都不知道呀，才不是在装死呢！

科学家研究发现，北美负鼠在极度恐惧下，会产生“装死”这样的不自主行为。负鼠在装死状态时，除了身体躺下、嘴巴微张、心跳呼吸减缓外，还会从肛门排出类似尸臭的绿色液体。由于许多捕猎者对于死亡的对象会失去兴趣（甚至产生怜悯），负鼠就能因此逃过一劫喽！这样的特技是不是十分迷人呢？

14 特异功能的总机小姐

耳朵可以自由关闭？

如果可以自由地关上耳朵，忽略那些不想听的声音，

是不是很让人羡慕呢？

世界上还真的有一种蛙能做到哦！

这样真的是太方便了！

这种名为绿臭蛙的蛙，是中国的特有物种。科学家进行研究时，发现这种蛙不但耳朵是凹进身体里面的，耳咽管还可以自由开合！就像收音机一样，绿臭蛙可以借由耳咽管的开阖，只接收自己同伴的高频率声音，阻隔环境低频噪声。利用这个特点，大幅增加它们的适存度哦！

我的世界真是清静多了！

15 忘记带午餐的求生术

狗改不了吃屎？

中文有句话叫作“狗改不了吃屎”，形容恶习难改。其实，还真的有不少狗会吃屎呢！究竟是为什么呢？

家里狗狗吃屎真的很让人崩溃！
不雅画面
特效处理

研究发现，这可能与狗的演化史有关。狗妈妈在生小狗后，会舔小狗的肛门帮助它们排便，而通过学习，有的小狗就会形成吃屎的习惯。

扫掉是不是有点浪费……

里面还好多料哦！吃一下吧！

而有些狗则可能是生病了。若狗的消化不良，导致粪便里有大量未消化食物，也可能会引发狗吃屎的欲望。不过也有的狗只是因为无聊或异食癖而吃屎哦。

16 不干最大！

你这次交的这是什么东西？太让我失望了！
暴怒
惊
我说改你就改啊？你有没有一点脑子？
不是啊……发哥……我是照你说的改啊！
现在的年轻人真的是……我们以前啊……
我叫你吃屎你也吃吗？
我不干了。
呀！发哥！你没事吧？
帮……帮我叫救护车……

别让羊驼不开心！

羊驼长相可爱，深受许多人的喜爱，不过却也有许多游客在与羊驼接触时，遭受它的呕吐伺候！到底是怎么回事呢？

据说羊驼的呕吐物臭到洗好几次澡都洗不掉哦！

人家平常很温驯的哟！

研究发现，羊驼在紧张、遭遇危险的时候，除了会发出尖锐的声音外，也用“呕吐”来吓阻敌人，这是草食动物的一种自我防卫方式。所以下次看到羊驼时，可不要太开心地手舞足蹈，否则可能会被它们误以为是挑衅，而遭到呕吐攻击哦！

17 发哥的会议时间

所以这个月的计量……
发哥……你刚刚该不会都没在听吧？
摩拳擦掌
咦？我在听啊！
哎呀！不要生气嘛，美女，会长皱纹哦！
……
来来！喝杯茶吧，刚刚讲得很好耶！
好吧……那我们继续……
呼……其实刚刚都在打手游，还好……

狗狗有愧疚感？

家里的狗又闯祸了，令你勃然大怒，而当你板起脸孔大骂时，
它们仿佛充满着愧疚感，头都不敢抬了。
此时你也心软了。但狗狗真的有愧疚感吗？

狗狗虽然视觉没那么好，但很会认表情哟！

据统计，有 74% 的狗主相信他们的狗会有愧疚感。但这到底是主人的一厢情愿，还是真的有科学证实呢？团队先摆好食物，命令狗狗不准吃，主人离开后过一段时间再回来。结果发现，只要主人回来时气呼呼的，即便狗刚刚没有偷吃，也会摆出可怜的表情认错。这是因为狗会记录人类表情带来的后果，进一步选择对自己比较好的做法。所以，很多狗狗会有怎么打骂都教不会的感觉，其实他们根本不知道你在生什么气啦！

人家又不是故意的……

18 假仙的雷鬼教父

尾牙歌唱大赛
各位同人大家好，我是今天歌唱大赛的主持人蝶衣。
第一位登场的是我们性感的总机——娃娃姐！
带来的是这首《梦醒时分》。
娃娃姐！
太美啦！
她今天选唱的是《恋爱元气弹》。
再来是我们的甜蜜教主——蕾咪！
蕾咪！
我爱你！
让我们欢迎这位雷鬼教父（自称）的演出！
最后的这位，呃，他不愿意透露自己的身份！
竟然是发哥……
这不就是发哥吗？
私语
窃窃

雷鬼音乐是狗狗的菜？

音乐是生活中不可或缺的一件事，无论是抒情、
摇滚、电子，每个人都有自己偏爱的曲风，
不过，就连狗狗也有喜欢的音乐类型哦！

聆听古典乐则可以帮助狗狗放松心情哦！

英国苏格兰格拉斯哥大学的生理学家 Neil Evans 及其团队做了一个研究，播放了轻摇滚、流行、雷鬼和古典乐，然后记录狗狗的心率变异性、皮质醇水平和吠叫或躺下等行为，以测量紧迫程度。其中发现，播放到雷鬼音乐（Reggae）时，比起其他音乐更能激发狗狗的正向行为！目前这项研究也积极地扩展到其他动物上，希望未来可以透过音乐，改善动物的不良行为等。所以，音乐的力量真的是无远弗届呢！

我年轻时也是很嘻哈的！

19 想太多的出差太惊奇

没有伴就不敢睡？

小时候的你，会不会因为害怕而不敢自己睡觉呢？
多了一个人一起睡觉，安全感顿时增加了不少。
斑马也是很懂这个道理的动物哦！

站着睡，遇到敌人才来得及跑！

每天都睡不饱……

不过，斑马不敢自己睡觉当然不是因为怕鬼啦！在非洲大草原中，随时都要提防掠食者的出现，而斑马本身并没有什么攻击的能力，遇到危险时通常只能逃跑。所以一旦躺下睡着，可能就真的看不到明天的太阳了！所以斑马通常都会与两三只伙伴一组，互相依靠着睡觉，这样有什么风吹草动才能彼此照应哦！

20 地震停电也不怕

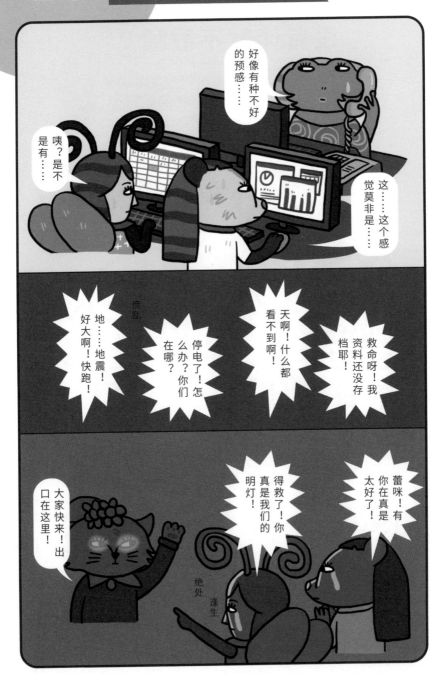

这……这个感觉莫非是……
好像有种不好的预感……
咦？是不是有……
救命呀！我资料还没存档耶！
天啊！什么都看不到啊！
停电了！怎么办？你们在哪？
慌乱
地……地震！好大啊！快跑！
蕾咪！有你在真是太好了！
得救了！你真是我们的明灯！
绝处逢生
大家快来！出口在这里！

猫能发射动感光波？

走在夜晚的街道上，远远地看到阴暗的角落
有一双眼睛在发光，你可能就知道有只猫在那里了！
究竟，猫的眼睛为什么会在黑暗中发光呢？

很多人认为这是外星人的象征哦（笑）。

好了！快给我住手！

其实，这是因为在猫眼后方具有一个称为“脉络膜毯 (tapetum lucidum)”（或称明毯、照膜）的光线反射层，能将光线反射回视网膜的细胞。所以，猫能善用微弱的光线，在黑夜中看清楚猎物。这个原理现在也应用在显微镜，或是一些照相机上面哦！

21 一起去露营

今天是个风和日丽的日子。
也是我们期待已久的露营！
这趟旅行，我负责规划行进路线……
嗯嗯……再来前面那棵树右转……
认真
专业
蝶衣负责准备我们的伙食……
马上就可以吃了哦！
香气
四溢
而蕾咪则是负责帐篷与睡袋……呢？
我特地还选了平常很爱睡的纸箱哦！

谁是纸箱狂热粉丝？

新买了一个小窝给家里的猫主子，但它却毫不赏脸，
反而一个转身跳进用来包装小窝的纸箱！
究竟，纸箱到底有什么魔力呢？

不只猫咪爱纸箱，老虎、狮子都喜欢哦！

荷兰的兽医将收容所的猫分为两组做实验：一组给它们纸箱，一组没有，结果发现，这两组猫的紧迫程度出现了明显差异。有纸箱的一组猫能更快适应新环境，并且更有兴趣与人类互动。显然地，密闭空间能让猫感到放松，况且猫是一种“遇到问题先逃再说”的动物，因此小小的纸箱也成了绝佳的避难所。另外瓦楞纸是绝佳的隔热材料，蜷缩在纸箱里也有助于冬天的时候取暖哦！

啊！这里真舒服……

22 幼稚的施丸

我叫施丸，是贝鸭炸公司的大老板……
威风
霸气
因为我天生的强烈气场，大家都很怕我……
哦！这个是公司新来的会计小姐……
恭敬
施老班好！
听说鸵鸟都很胆小呢！好，我来吓吓她……
搞不好还能看到她把头钻地呢……嘻嘻……
呵啊！
呀啊！
这次又跟哪家的人打架了呀？
……

鸵鸟是胆小鬼？

长久以来，一直流传着“鸵鸟遭遇危险时，会将头埋在土里，以为看不见就安全”一说，因此鸵鸟被冠上“弱懦、胆小”的封号，其实，鸵鸟一点都不胆小哦！

后人常用“鸵鸟心态”来形容逃避、不敢面对现实的人。其实这是数十年来的大误解，它们将头伸进土中是为了挖洞孵蛋。成年的鸵鸟可达 2.5 公尺，连草原霸主狮子都敬畏三分。一是鸵鸟跑起来时速可达 70 公里，狮子根本追不上；二来就算追上了，鸵鸟强壮的脚可以一脚踢死狮子哦！

CHAPTER 3

哎哟，你们在干什么啦！

螳螂的耳朵不是他真的耳朵？欲求不满的雪貂会往生？黑天鹅族群约有 1/4 是“同志”？乌龟生男生女要看天气？动物圈的恩恩爱爱和你想的不一样！！！

23 又爱又怕的新年友

这里！这里！
蕾咪，好久不见！
啊！你们真早到呀！
拜托！看你狂发闪照！感觉对你很好哟？
不断攻势
咦？人家才刚到就问这个！讨厌！
六婆
三姑
听说你这次交的男朋友是个教官呀？哎哟，很赞耶！
我们女人啊，真的是有够命苦……尤其是你……
别说了！真是痛死老娘了！
变脸
唉……不过再怎么好的男人，做起那种事还是让人痛不欲生吧……

爱爱会痛不欲生？

如果你有见过猫交配，那你可能会发现，
母猫通常是伴随惨叫的，
究竟为什么它们如此痛苦呢？

这就是天使脸孔魔鬼感受吧？

公猫生殖器

这是因为公猫的生殖器是布满倒钩的，就像狼牙棒一样。这样的构造可以刺激母猫排卵、避免母猫交配中逃跑，以及刮除前一只公猫残留的精液。但过程中母猫会感受到剧烈疼痛，所以通常完事后公猫会迅速逃离现场，以免被暴怒的母猫攻击！

你是要痛死老娘不成？不会温柔一点吗？啊？
这也不是我愿意的啊……

24 甜蜜的烛光晚餐

这边请哦！
是七点两位的陈小姐对吧？
你好，我有预约。
怎么会一个小时都不说话……
尴尬
……
……
凝结
空气
寂静
无声
……
咦？我们刚刚聊得很开心啊！
？
小声
冒昧请问一下……两位今天是吵架吗？还是餐点的不好吃呢？

猫有套神秘沟通法？

你有注意过猫与猫之间的相处，其实很安静吗？研究发现，成年猫之间自有一套神秘沟通法（尾巴、表情、肢体等），一群和谐的猫可能可以持续好几天都不发出声音呢！

野生猫群通常只有在求助、吵架、生气时，才发出叫声哦！

不过在幼猫时期，是会透过叫声吸引妈妈注意，借此讨食的。长大后妈妈为了让它们独立，会开始无视叫声，小猫发现叫声没用，也渐渐不再叫了。不过家猫就不同喽，它们大多习惯用叫声与饲主互动，而且一叫就有好东西吃，免费的按摩服务，何乐而不为呢？所以，也可以说家猫的叫声是为你定制化的哦！

25 铁汉有柔情

我的老公是学校的教官。
同学！怎么运动服又没穿？
啊……是教官，赶快先跑为妙……
这是玩具啦！我什么都不知道！我
阿福！又偷带东西进学校吃！给我站住！
平常威严的他，是全校学生害怕的对象……
但是一回家后，就变成另一个人了……
老公，你这样我怎么煮饭呀……
磨蹭
老婆，今天吃什么呀？♥
磨蹭

公猫特别爱黏人？

以人类的刻板印象来看，会觉得男生理性、女生感性，
所以应该是母猫比较爱撒娇吧？
不过日本一份研究，刚好得出相反的结论哦！

这个研究是以结扎后为主哦！

研究发现，母猫从怀孕到生产、育儿都必须要独自一人进行，所以通常警戒心比较强，也比较聪明、冷静。而公猫则容易有分离焦虑症（主人离开后，或发出叫声、或破坏东西引起注意），对于主人的依赖性通常会比较强，也容易跟着主人行动、黏在主人身边哦！不过，这个研究仅供参考，因为以猫咪独（叽）立（歪）的个性，两种性别的猫都很可能不屑理你就是了。

是要黏到什么时候……

26 买个耳机也出事

欢迎光临！需要什么吗？
我想买耳机，有推荐的吗？
先生，您真是问对人了！我们这里有一款最新耳机哦！
我来帮您试戴一下吧？
好啊！那就麻烦你了！
……
禁
掀起

你耳朵长在哪里啦？

大部分动物的耳朵都长在头上，借以听到外界的声音，
不过螳螂的耳朵可是长在两腿之间哦！

螳螂狩猎能力强，有些不用农药的农场会饲养它们来驱除害虫哦！

耳机插在这边真害羞耶！

不过，螳螂的耳朵并没有办法区分声音的方向与频率，但却有一个非常大的作用——侦测蝙蝠的声波有没有将自己定位！这样它们就可以避免被蝙蝠吃掉，大大地提升自己的生存率哦！

27 红颜薄命

粉墨
登场
老公你看！我新买的性感睡衣！今天要不要……♥
我回来了！老婆。
冷漠
今天上班很累了！改天再说吧……
咦？今天也这样吗？但是我们已经好久没有那个了……
坠入
深渊
怎么会这样……是不是他不爱我了？
心好痛……好难受好像快死了……
呜呜……老婆……怎么会这样……

欲求不满会丧命？

动物和人类一样，也是有着七情六欲，
兴头一来的时候若无法满足，的确很让人灰心。
但有的动物却会因此而丧命哦！这是真的吗？

这样别人会不会觉得我是欲女呀？讨厌（翻译自雪貂）。

唉……我这就是所谓的红颜薄命吧……

这个悲情的动物就是——雪貂！研究发现，当雌雪貂发情时，如果一直不交配，体内的雌激素含量会不断地上升，并导致它们的骨髓停止产生红血球，最终可能会导致死亡！听起来是不是很不可思议呢？如果要饲养雌雪貂，一定要先带去绝育，免得它因为发情而断送性命哦！

28 少女情怀总是诗

知名艺人贾渊央和妻子是网友票选的最羡慕夫妻，前阵子他们为爱家站台……
羡煞旁人！牵手半辈子，爱情
女子误食毒蘑菇，智商提高至 180
17:50
羡慕
嫉妒
贾渊央夫妻的故事真是太感人了……
我要以他们的爱情为人生的目标！那一定很幸福……
为您插播一则最新消息！根据知情人士爆料，目前不只一人受害……
A女
B女
原来都是假的！贾惊传劈三女
基本工资调至 40K 网惊：我在作梦
22:15
冷风
萧瑟
这世间……还有什么值得我相信……

鸳鸯是专情的代言人？

以前有一句话，是“只羡鸳鸯不羡仙”，意思是只要能像鸳鸯一样共度终生，就算是能做天上的神仙也不要。但是，鸳鸯其实一点都不专情哦！

公鸳鸯色彩鲜艳华丽，母鸳鸯相较朴素很多。

同一个女人我最久只能跟她相处一年啦！

若说鸳鸯是最花心的鸟，那可一点都不为过！鸳鸯几乎每到繁殖期，都会换一个伴侣，公鸳鸯也常常被观察到有家暴的倾向！而古人为什么对于鸳鸯会有专情、白头偕老的误解呢？大概是因为鸳鸯总是出双入对，年复一年，看似都是同一对，其实彼此的伴侣都已经换过好几轮了呢（但一般人肉眼也看不出来）！

29 有点那个的浪漫惊喜

求偶用石头就搞定？

你心中的浪漫求婚是怎么样的呢？鲜花布置的房间、点满蜡烛的桌面、再加上求婚戒指，想让人不点头都很难！在企鹅群中，也有这么一个送礼的桥段哦！

企鹅是属于一夫一妻制的动物哟！

研究人员观察企鹅的生态发现，公企鹅在求偶时，会挑选一块石头送给心仪的母企鹅，并对着它鞠躬。若母企鹅不同意，就会对此置之不理；若它同意了，则会鞠躬回礼，那它们就算是结为夫妻喽！之后公企鹅会开始捡石头筑巢，好准备孕育下一代，是不是也挺浪漫的呢？

竟然这么容易就结婚了……

30 生孩子的秘密武器

老婆，我们好像有一阵子没有那个了……不如今晚……
咦？不是去年才做过一次吗？
其实也不是我想做，但你也知道妈就是很爱念，说想抱孙子什么的……
无奈
唉……人生好难……好吧，那就只好再拿出“那个”了……
这么久没看了，偶尔看一次还是会觉得蛮害羞的呢……
脸红
心跳
对啊……不过这部真的蛮不错的！女主角也长得很漂亮……
你说什么？

看“成人片”催生？

熊猫因毛色特别，过去曾遭大量猎杀，一度濒临绝种。
后来靠着保育人员努力，已从“濒危级”降为“易危级”。
熊猫繁殖不易的最大难题，是因为它们真的太冷淡了！

熊猫是中国特有的动物哦！

那些事好麻烦呀……真懒……

说到熊猫的一天，大约有八小时在睡觉，其余的十六小时在进食。这样吃饱睡、睡饱吃的生活，让它们对于交配兴致缺失。最重要的是，母熊猫一年约只发情三天，错过了就要再等下一年！所以保育人员除了采取人工受精的方法外，还会让熊猫看“成人片”，让它们通过学习模仿，来刺激交配的欲望！真的是让人意想不到呢！

31 丈夫的背叛

老公你看，我们的孩子终于出生了……
辛苦了！快拿来让我看看……
对不起，山莲！我骗了你！阿杰才是我爱的人。
你说什么？
霹雳
晴天
对不起！再见！
你的行李都打包好了，五百万也汇给你了。
等等！是我哪里不好？我可以改啊！

爱我还是爱“他”？

经过统计，目前已发现有“同志”行为的动物已超过 1,500 种，
其中最让研究人员惊讶的就是黑天鹅，
整个族群约有 1/4 是“同志”！

黑天鹅是终生单一伴侣的动物哦！

研究发现，黑天鹅中有一个特殊的多元成家行为：两只公天鹅在互许终生后，会找一只母天鹅加入，进行短暂的三人行，待母天鹅产下卵，两只公天鹅便会抛弃母天鹅，共同养育这个新生命。意外的是，由两个爸爸带大的小天鹅因为受到更多保护，存活率比一般的小天鹅还高呢！

全部都是假的吗？没有一点爱吗？
抱歉啦……

32 要打去练舞室打

啊！
撞
好啊……啊！
我们待会儿就先去看那部电影……
什么？是你先撞我的吧！
你撞什么撞？走路不会看路吗？
要打就去练舞室打！
你们两个，都给我住手！
练舞室怎么会有这种声音？
练舞室
啊……♥
好棒……♥
? ?

一言不合就……

一般的猿猴类都是以武力统治为主的，但倭黑猩猩却例外，
它们是出了名的“爱好和平”，
有什么纷争，就先交配再说啦！

矮黑猩猩是人类的近亲，身上的基因有99%都与人类相似哦！

放弃女友，跟我在一起吧！
这……好犹豫呀……♥
NNN

一般猿猴会互相梳理毛发去建立友情，倭黑猩猩却以性作为社交行为，即使第一次见面也可以来一发，且不分性别。日常的交配不是以生育为目的，而是互相取悦对方。它们也是除了人类以外，唯一会用面对面的方式交配，因为可以关注对方的感受。而在没有对象交配时，自己 DIY 也是很常见的哦！

33 女生宿舍

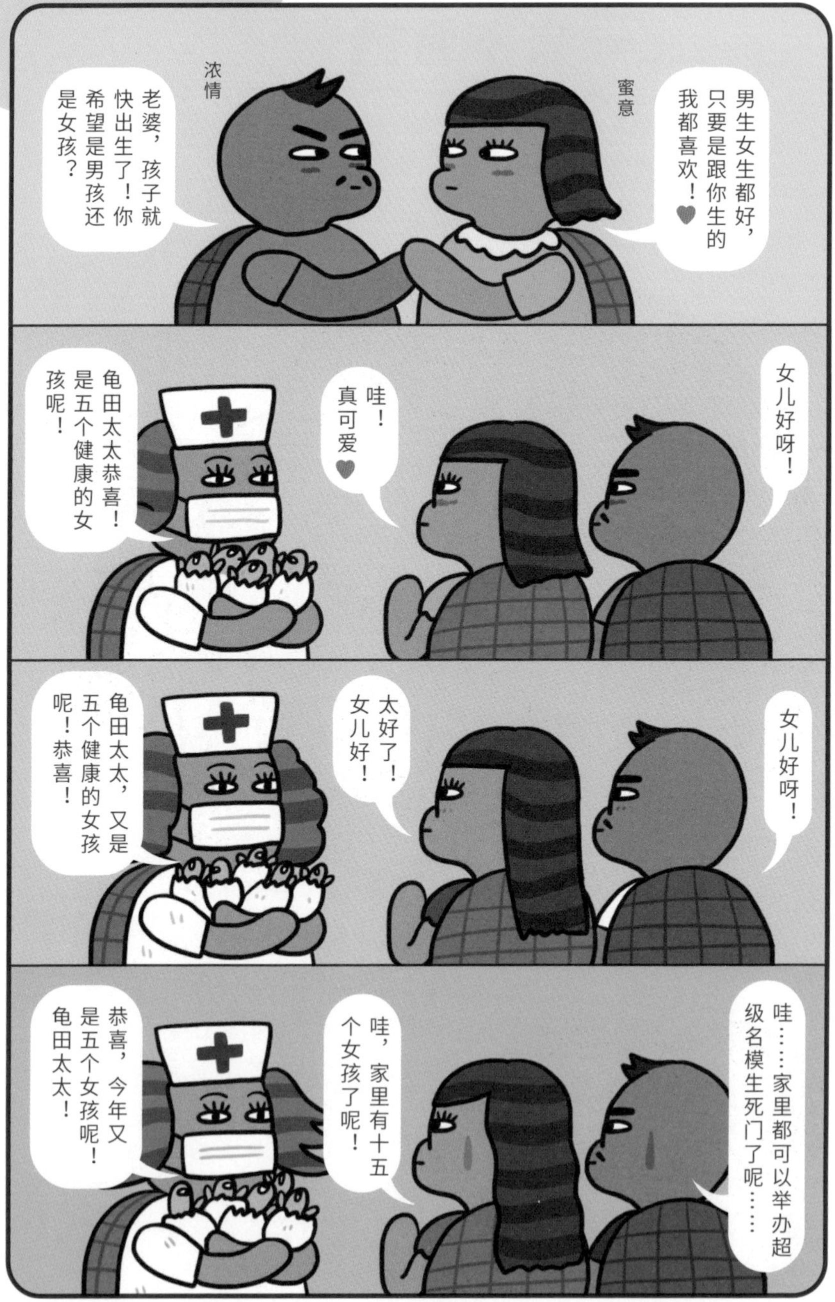
浓情
老婆，孩子就快出生了！你希望是男孩还是女孩？
蜜意
男生女生都好，只要是跟你生的我都喜欢！♥
龟田太太恭喜！是五个健康的女孩呢！
哇！真可爱♥
女儿好呀！
龟田太太，又是五个健康的女孩呢！恭喜！
太好了！女儿好！
女儿好呀！
恭喜，今年又是五个女孩呢！龟田太太！
哇，家里有十五个女孩了呢！
哇……家里都可以举办超级名模生死门了呢……

生男生女看天气？

研究人员发现，近年来澳洲大堡礁一带，
几乎清一色都是雌海龟，为什么呢？

原来乌龟和一些爬虫动物一样，会由环境的温度决定宝宝的性别！以巴西龟来说，摄氏 32 度时，会孵化出雌乌龟；摄氏 26 度时则孵化出雄乌龟。这是因为 KDM6B 基因的影响。科学家表示：在全球暖化影响下，雌雄的比例逐渐失衡，长期下来有可能会导致龟鳖的灭绝！

CHAPTER

4

他们家怪怪的

乱吃无尾熊的食物会出事，啄木鸟的绝技千万别乱学，不要被河马的傻呆萌迷惑，兔子妈妈的育儿术让人好傻眼……

34 傻眼的宝宝喂食时间

艾拉，我来看你跟宝宝了！
啊！是琇娥呀！谢谢你来看我。
哇，你的小孩真的是太可爱了啦。♥
是啊！还好很健康呢。
咦……好像要哭了耶！
呜呜……
啊！可能是肚子饿了吧？
好！那我来帮你喂他吧！
既然你都这么说了，那就麻烦你了哟。
呃……喂宝宝吃这个？
认真？

这是宝宝的副食品？

模样可爱的无尾熊，曾经风靡一时，成为动物园的新宠儿。
不过许多游客也发现，无尾熊宝宝似乎会吃妈妈的大便！
这究竟是为什么呢？

无尾熊的英文Koala，是澳洲原住民的方言，意思是“不喝水”哦！
不雅画面特效处理

来来，吃饭喽！

其实，这是无尾熊妈妈独特的育儿方式。妈妈的粪便中含有帮助消化的菌群，无尾熊宝宝吃了之后，这些菌群就可以在它的消化道内生存，协助未来食物的消化。所以对宝宝来说，这也算是一种独特的健康副食品哦！是不是很不可思议呢？

35 小心食物中毒

艾拉，我又来看你跟宝宝了！
啊！琇娥，宝宝刚刚被护士接走了耶！
话说我刚好要吃中餐，不嫌弃的话一起吃吧？
咦？这怎么好意思呀！
那我就吃一口看看好了。
欲试
跃跃
不过看你每天都吃这个，也实在很好奇是什么味道呀？
……
痛苦
琇娥……对不起，我不知道原来尤加利叶有毒……

无尾熊专属食物！

无尾熊是一种很神奇的动物，
它们一生几乎只吃一种食物——尤加利叶，
而这种叶子充满毒性，几乎没有其他动物可以吃哦！

尤加利叶热量低，所以无尾熊没事就会睡觉来保存体力！
谁来惹我我就毒谁，呵呵。

根据研究，无尾熊清除毒素的系统非常快速。但尤加利叶中所含的复杂化学物质可以降低被吃光的风险。在演化的历程中，无尾熊的嗅觉变得更灵敏，能区分叶子中毒素的多寡，选择毒素少的来吃。真的是一山比一山高呀！

36 台湾之光

接下来专题报道的这位，以前是个中辍生……
台湾之光！无师自通横扫大奖
男子在自家庭院 挖出千年大便化石
12:23
今年更以“飞龙在天”作品得到世界雕刻大赛金奖，成为台湾之光！
他以前翘课、偷骑摩托车样样来，有天车祸撞上树，树上留下的痕迹让他意外开始雕刻之路……
羡慕
我也要来试试，搞不好我就是下一个大师……
钦佩
用嘴雕刻，真的是太酷了啦！
老公……我好像脑震荡了，帮我叫救护车……
晕厥
老婆……你在干吗……？

头不会痛吗？

啄木鸟用长长的嘴巴敲击着木头，似乎是很平常的事，
但你有想过，难道啄木鸟的头都不会痛吗？
科学家也很想知道这个答案！

啄木鸟啄木是为了吃附着在木头上的虫哦！
我就是天生的艺术家！

康乃尔大学鸟类学家说：“这问题很难回答。”不过根据研究可以发现，啄木鸟在选择木头啄时，会选择比较脆弱的地方啄，减少脑部的冲击。而经过演化，啄木鸟的脑变得非常小，大约只有两克重而已。越小的脑越不容易受伤，震荡的机率也越小。而它们的头骨是由高密度的骨质组成，撞击时力道会平均地传送，借此保护脑袋不受到伤害。所以当别人表演高超特技时，那可能是他们与生俱来的能力，一般人可是不要随意模仿呀！

37 不可思议的民主实践

表决就用“喷嚏声”？

当一群人意见相左的时候，我们常常会用“多数决定”的方式来决定最后的结论。在非洲野犬之中，也有着这样投票的机制哦！

这也是首次发现会投票的动物哦！

研究员花了 11 个月，追踪了 5 群非洲野犬，记录下它们召开的 68 场集会，证实了它们确实会透过“喷嚏声”投票是否一同出去打猎。而且这个投票可不是每一票都等值的，位阶较高的野犬参与时，可能只要三声就可以出发；较低的野犬可能要十声才能达到出发的门槛哦！

常常被误以为是感冒哩！

38 怪盗基德

但其实我还有另一个身份——怪盗基德！这件衣服也是我的父亲传承下来的……
我是周非，平常的我是个正常的上班族……
平庸
神秘
好，前面那个女的看起来很迟钝，就选她了……………
虽然说是怪盗，但其实也是抢些钱来花，毕竟家里孩子花费很大……
亮刀
急救箱拿来了哦。
……
爸……不是都叫你不要再干这行了吗？

河马真的傻呆萌？

非洲大陆有许多凶猛的动物，像是狮子、鳄鱼，
但是都比不过看似呆萌的——河马！
每年约有 200 多人命丧于它哦！

河马也被评为世界最危险动物之一！

知道了吗？这就叫作人不可貌相哦！

动物园的河马看似温和、与世无争的样子，其实是个攻击性很强的动物。河马全力冲刺时，时速可达 48km，比奥运选手还要快；咬合力更是可以达到 2.2 吨，比鳄鱼还要惊人！而体重动辄 3 000~4 000 公斤的它们，连狮子都不敢招惹！所以下次若是遇到野生河马，可不要轻易靠近，以免有生命危险！

39 夏天就要去海边

看！那里的沙滩好漂亮呀！
期待
兴奋
这里的海真清澈！
夏天就是要去海边呀！
我也要加入。
可恶！看我的。
哈哈哈！看招！
咦？我什么都没用耶？
白皙
我也要买
你到底是用什么牌的防晒乳？
怎么可能……你都没变黑？

谁能自制防晒乳？

夏天出游时，总是要涂上厚厚的防晒乳避免晒伤，
不过有一种动物却能自制防晒乳哦！
那就是——河马！

河马看似无害，
其实很凶猛哦！

我的汗除了防晒，还有避
免伤口恶化的功能哦！

科学家用河马的汗进行实验，分离出了两种主要色素：红色的称为河马汗酸（hipposudoric acid），橘色的则称为正河马汗酸（norhipposudoric acid），这两种色素的吸光值刚刚好是一般紫外线以及可见光的范围，所以可以用来防晒，是不是十分天然呢？科学家也有想过用河马的汗来制作人用的防晒乳，不过因为河马的汗实在太臭了，所以到现在都还没有实现喽！

40 人前威风的施丸

我叫施丸，是这个公司的大老板……
威风
霸气
我靠着自己的努力，拼得现在的头衔……
公司的每个人见到我，都要敬畏三分……
气势
凌人
施……施老板好！
但是这个威风，也只仅限在公司……
又去哪鬼混？这么晚回来！
不是叫你顺便买酱油回来吗？
对不起……老婆，请原谅我……

“万兽之王”怕老婆？

英俊帅气的雄狮，又有“万兽之王”“草原之王”等封号，
看似威风的它，其实人生也不是这么顺遂，
在狮群之中，雄狮是随时要遭受驱逐威胁的！

狮子是群居动物，一群狮子大约由十只到三十只狮子组成！

一般狮群的成员为一只雄狮、数只母狮与它们的孩子。母狮从出生到死亡，都会待在同一个群体里，并负责狩猎、保卫家园，而雄狮则需靠武力争夺，才能获得群里的唯一席位。两只雄狮对战后，战败的雄狮会被逐出家园，独自流浪，而新上任的雄狮为了稳固自己的血统，会将之前雄狮的子嗣全部杀死！只能说狮子的社会真的比后宫争宠还要精彩啊！

老娘随时可以叫你滚蛋！知道吗？
是……

41 妈妈的小小星梦

各位观众朋友你们好，我是嫱嫱。
为了拍戏，我几乎每天都睡在摄影棚……
但是你们看的出来，我每天只睡两个小时吗？
你们可以靠近一点，对，可以再靠近一点……
白皙
妈……你在跟谁说话啊？
呃，你在家啊……
尴尬
傻眼

大象一天只睡两小时？

睡眠是人的大事，人一天大约花八个小时在睡觉，
充足的睡眠不但有助健康，也能清除脑中废物。
不过对于大象来说，一天睡两个小时就很奢侈了哦！

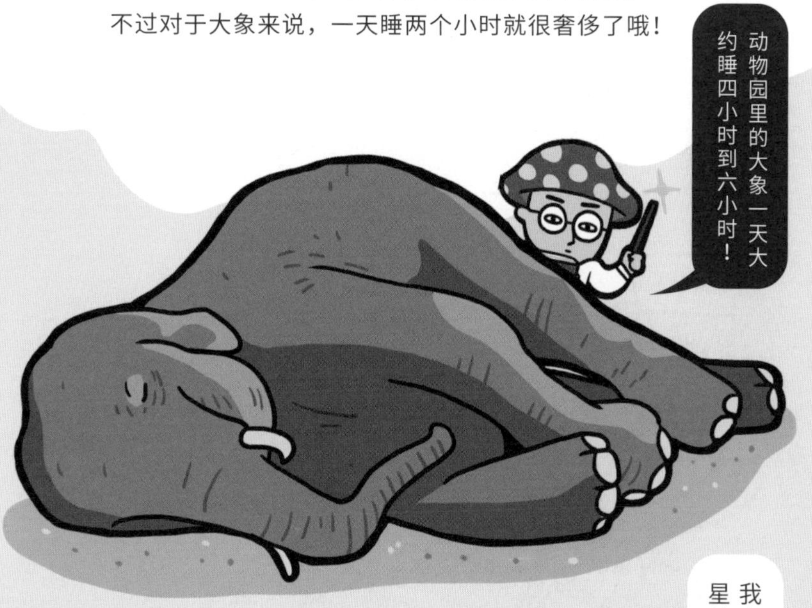
动物园里的大象一天大约睡四小时到六小时！

过去的研究经验发现，较大的哺乳动物睡眠往往少于较小的哺乳动物。科学家追踪了野生大象发现，大象平均一天只睡两个小时，也有可能会因为迁徙、逃亡等，而长达两三天不睡觉。通常大象都是站着睡觉，大约三四天才会躺下睡一次。特别的是，大象入睡和醒来的时间与日落和日出无关。目前科学家也积极地在研究大象睡眠的秘密，如果研究有成，可能可以成功地解决失眠、或是找到减少睡眠换取更多清醒时间的方法！

我也是有明星梦的嘛！

42 蕾咪说不清的孩子们

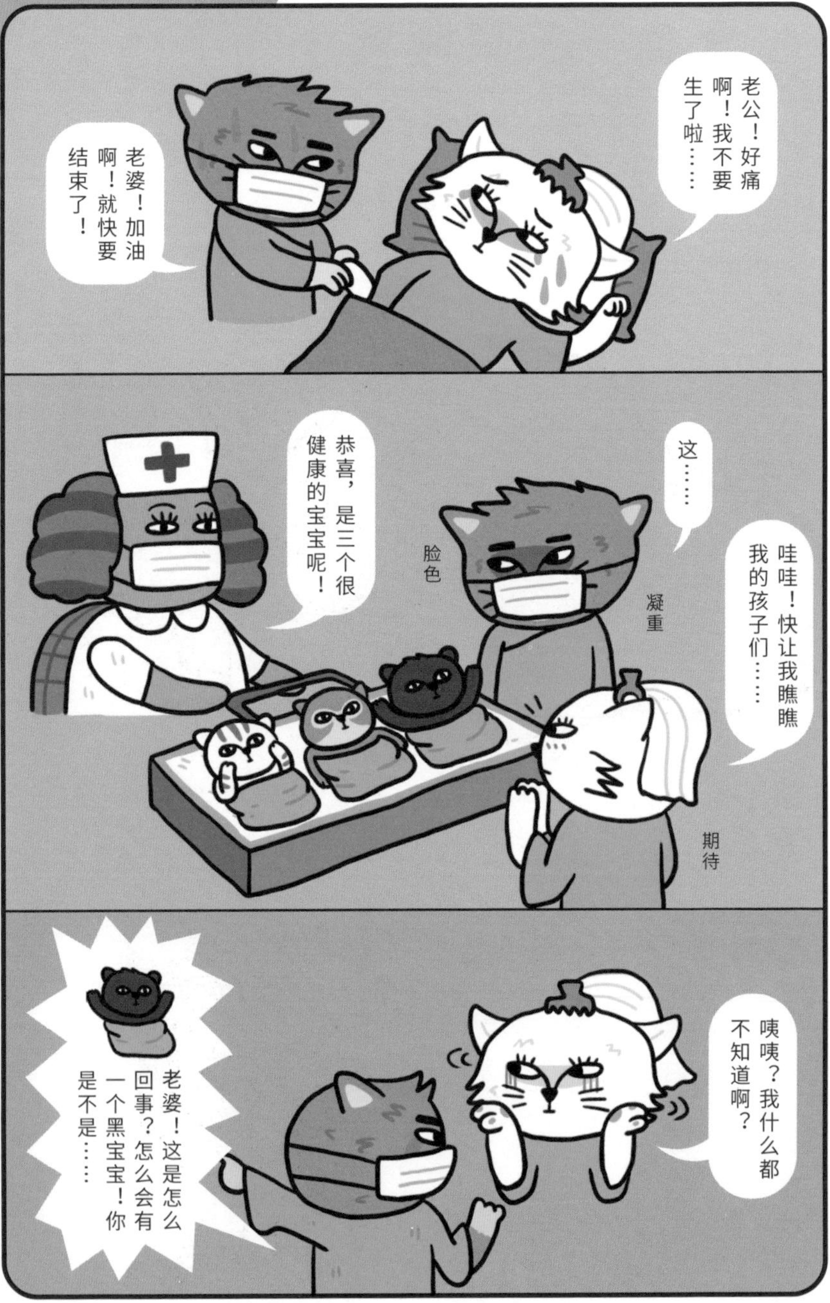

说！老王是谁？

附近的野猫生了一窝宝宝，仔细一看，
白的、黑的、橘色的，还有花纹的，
究竟为何同一胎，会有这么多花色呢？

猫一胎平均是生二只到九只，但也有高达十六只的纪录哦！

首先，猫是属于“同期复孕”的动物。意思就是，同一胎的小猫中，可能都是来自不同的父亲！因为母猫通常是交配后才刺激排卵的，所以可能在同一次发情期间，体内存在着不同父亲留下的精子，而造成这个现象哦。不过就算都是同一对爸妈，也是可能生出异色的猫宝宝，不过，这就要讲到遗传的组成了。但可以确定的是，不管什么颜色的猫都可爱啦。

我可是没有偷吃哦！

43 辛苦的淑莉

赶快！不然上课又要迟到了！
孩子们，起床喽！快点来吃早餐！
不想上课……
好想睡……
好困……
快快快！赶快去刷牙洗脸换衣服！
今天……是不是……比较重啊？书包都装了些什么呀……
老师说今天要带字典！
还好我们的小孩都搭校车……
哇……那位妈妈真辛苦呀……
汗流浃背

负鼠甜蜜的负荷

上一次被爸爸妈妈背在肩上是什么时候，你可能已经想不起来了，但有一种动物却是让人一看就会觉得“妈妈真伟大啊”，那就是——北美负鼠！

负鼠的体型大概跟猫差不多大哦！

啊，真是累死老娘了！

北美负鼠是一种有袋动物，宝宝在刚出生时，会放在育儿袋里抚养。随着宝宝长大，袋子装不下了，而宝宝又不愿离开妈妈，就会开始“巴”在妈妈的身上。而负鼠妈妈一次最多要背着十只以上的宝宝，真的堪称是最甜蜜的负荷啊！

44 超傻眼的孩子保护术

你是龟田？哇，好久不见的！你也来买菜呀！
啊……你是……邦妮对吧？真是太巧了啦！
自从上次赛跑之后就没见过了吧？都好几年前的事了呢！
哈哈！那次真是太糗了啦！我家就在附近，要不要来喝杯茶？
到了，稍等我一下哦！
猛挖
狂挖
？？？
冒出
阿姨好。
你回来了呀！妈！
没事，没事！来，叫阿姨。
惊魂未定
咦？小孩埋在土里没问题吗……

兔宝宝被活埋啦！

如果你在后院，看见一只兔子妈妈将它的孩子埋进土里，会不会吓一跳，并开始思考：是不是该去救那些宝宝呢？其实不用担心，这是妈妈在保护它们的孩子哦！

挖洞是兔子的天性！

大野狼就说：“小红帽，我是你奶奶呀！”
你们看，有陌生人来绝对不可以开门哦！

兔子模样可爱，是个不太具攻击性的动物，这也代表着它们面对敌人时能保护自己的招数有限。野外的兔妈妈在产下宝宝后，会在外出觅食时，将宝宝们埋在土中，这是为了保护它们免于被敌人捕食。而辛苦的妈妈每天会不厌其烦地重复着挖土、封土的动作，只能说母亲真的是很伟大呀！

45 翻白眼的生日礼物

生日快乐！邦妮！
生日快乐！
你们……竟然都记得我的生日，真是太感动了啦！
感动
当然啊，而且我们还准备了一个大礼要送给你哦！
铛铛！老板说兔子都喜欢吃红萝卜！你应该也喜欢吧？
哇……
无情
烈火

红萝卜是兔子的美食？

说到兔子最爱吃的东西，许多人应该都会回答“红萝卜”！
其实，兔子最好不要吃红萝卜哦！

兔子的主食应该是牧草与新鲜蔬菜！

虽然红萝卜并不是绝对不能吃的，但是量要少，最好不吃。因为红萝卜是偏冷的食物，兔子若肠胃状况不好时吃了可能会拉肚子！而红萝卜富含的维生素 A，吃多了可能会让兔子维生素 A 中毒。所以，不要再被动画片骗了，拿红萝卜给它们吃啦！

牧草、蔬菜、饲料的比例建议是7:2:1哦！

CHAPTER 5

解救地球的超能战士

别想从后面偷袭月亮战士、神奇泡泡制造机水星战士、喷射炙热火焰的火星战士、行动发电机木星战士、魔性呼噜声的金星战士……拯救地球就靠你们了！

46 战士诞生

邦妮，蘑菇中学二年级生，本学期已迟到四十六次。
忙忙
匆匆
讨厌！不小心睡过头了！今天又要被记警告了啦……
咦？路上怎么会有蘑菇？
大口
血盆
我来吃吃看……
哇！住手！
弹起
呀！蘑菇竟然说话了！
你这兔子都能说话了，我蘑菇说话有什么好奇怪的……
虚弱
颤抖

毁灭？你在说什么呀？你是不是撞到头了？
先别说这个了！我需要你的帮忙！怪物入侵了，再这样下去世界要被毁灭了！
碰嘎
你给我回来！都什么时候了还上学！
我……我上学要迟到了……

当然不会让你空手应对啦！我这里有一个最新的发明……
你还真敢说
拜托！我只是一个平凡可爱的少女，哪知道怎么对付怪物？
变身蝴蝶结！
锵锵！
不不！这可是货真价实的变身器！快举起来喊“变身”吧！
哈？这是名侦探柯南在用的吧？是要叫我去破案吗？
真的假的？好像有点羞耻耶……算了，试试看吧……
变身！

发光
什么！竟然发光了！我要像动漫里那样华丽变身了吗？
期待
兴奋
别说啦！因为我是独立制作的，经费比较不足吗……
这样遇到怪物的时候我不是早就死了吗？
手忙
脚乱
你这是什么烂设计啊！竟然还要自己穿？
华丽
哦……穿完之后还是蛮像那回事的嘛！不错不错。

天啊……被妈妈发现我戴耳环的话一定会被她杀死……
现在不是说这个的时候吧，怪物在你的后面！
这个是我特制的手套，你只要朝它挥拳就可以了！
真的耶！我不用转头也看得到！但要怎么打败它啊？
也没给我魔法杖之类的
这样吗？
啊
蘑菇博士与邦妮终于顺利打败了怪物，今后还会有怎么样的难题等待着他们呢？
呼……总算……
天啊！我现在是什么？一拳超人吗？

拥有全方位视力的兔子

你有试过从兔子的后方接近它，却马上被它发现，
它随即跳呀跳地逃走的经历吗?
这是因为，兔子的视角接近 360°哦！

许多食草动物的眼睛都是这个构造，这是为了可以随时注意到四周潜在的危机，提高生存率！

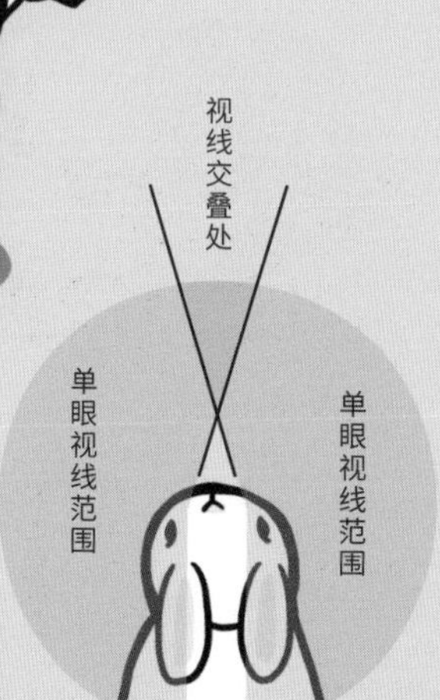
视线交叠处
单眼视线范围
单眼视线范围

但是，这样的视觉也是有缺点的。象是鼻尖前方一小块区域为视觉盲点，所以把食物放在兔子嘴前，它是看不到的哦！而只有视线交叠处才会有影像立体感，所以兔子从高处往下跳时，常常需要花很多时间来抓距离，也常常会有失足的意外！

47 战士诞生

恩……根据古文书记载，还要唤醒四个战士，才能打败大魔王呢……
为了寻找剩下的战士，蘑菇博士与邦妮踏上了旅程。
哈？这是要怎么找？简直就是大海捞针嘛！
首先是水星战士……"聪明有智慧的虫族少女"……
什么啊……这也太容易了吧……
找到了！就是她！
年仅十四岁直升硕士
百年难得天才 虫族少女
我拒绝。
不好意思。

咦？为什么？
我还要准备下个礼拜的博士考试呢，没有空。而且战斗什么的，那是大人们的事吧？
小声
年纪轻轻就这么嚣张……
就跟你说聪明人都很自以为是……
我可是听得一清二楚。
既然这样……那就没办法了……
用头脑一决高下吧！
你们两个比赛！
啊？我？
有意思！我接受！

我可是听得一清二楚。
别紧张！我会协助你作弊的……
小声
等等！我在学校成绩都吊车尾耶！
轰嘎
哇！我的爱书！
可恶！怪物竟然又出现了！
怎么挽救……呜呜呜……
别慌！还来得及挽救！
去死吧！
啊

拿起这个高喊变身就可以了！
变身蝴蝶结（水星版）。
你到底要不要救你的书？
不要，太蠢了。我又不是三岁小孩。
怎么有一种中计的感觉……
情不愿
心不甘
唉……好吧……
变身！

念念有词
你们这是什么烂变身啊，还要自己穿？
这样有办法上战场吗？我真是不敢相信！
这个我已经反映过了。
你们意见怎么这么多？又没跟你们收钱！
暴怒
水星战士！参上！
动感泡沫光波喷！
就这样，水星战士——莫婵也加入了蘑菇博士的队伍。
太好了……我的书……
感动
寻找战士的旅程还将继续下去，加油吧！

泡沫制造者“沫蝉”

从前人们发现植物上有一些不知名的泡沫，却一直不知道来源，有些科学家认为是植物产生的泡沫，也有人说是马或鸟的唾液，一直到 20 世纪时，真相才终于被解开！

以前这些泡沫常被认为是杜鹃鸟的口水！
若虫
成虫

我的泡沫光波竟然是从屁屁喷出来的，好害羞！

科学家研究发现，原来这些泡沫的来源是一种名叫“沫蝉”的昆虫。这种蝉的幼虫因为不会飞也不会跳，所以它们会在选好植物后，分泌大量的泡沫把自己包裹起来。这种泡沫不但耐干燥，黏度也强，沫蝉可以在泡沫里安心地吸取植物汁液，也可以借此躲避天敌，真的是一石二鸟！

48 火星战士

为了寻找剩下的战士，蘑菇博士一行人继续旅行。
火星战士是“美丽勇敢的虫族少女”……
啊？又是虫？
救命啊！
写得真笼统！这是要怎么找呀……
快救救我！我只是要去采果实，就被这触手缠住了！
天呀！这是哪里来的触手啊！

破坏森林者……
都要付出代价……
我是魔花——嘎
嘎里巴巴……
是嘎嘎里巴巴……
魔花咖咖你爸爸！看
你这幅蠢样，就一拳
送你上西天吧！
兔宝碰碰拳！
少啰唆！看招！
缠住
惊
什么
?!

博士？救命！
动弹不得
刚刚不是还信誓旦旦……
好，再来就看你的了！水星战士！
交给我吧！
动感泡沫……
啊啊啊啊！
光波喷！

打倒了吗？
哇，它吸收了泡沫之后变得更茂盛了！
吼嘎嘎嘎！
全身充满了力量啊啊啊！
落荒而逃
现在不是研究这个的时候吧！
原来如此，这种植物吸收了泡沫可以进化呀……
你们两位！退后！
如果这时候有火星战士在就好了……

热情沙漠火焰燃烧攻击！
啊啊啊啊！
可恶！
小妹妹，你没事吧？
呼……得救了……
谢谢姐姐……
慢着……你……是火星战士？你怎么会有变身器？
你说这个呀？是博士给我的哦！
什……什么？
突然出现的火星战士解救了蘑菇博士一群人，但她口中的博士究竟是……

喷射火焰的炮步行虫

动漫或电影中，常常出现可以吐出火焰的龙或怪物。
现实生活中，真的有可能从动物身上喷出火焰吗?
科学家在炮步行虫身上找到了类似的迹象哦！

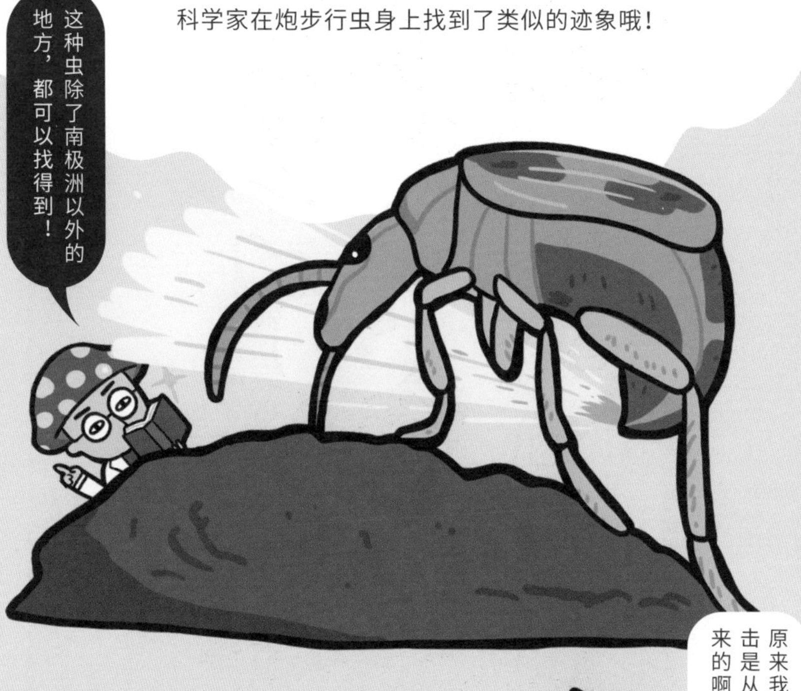
这种虫除了南极洲以外的地方，都可以找得到！

准确地说，是接近 100°C的液体。炮步行虫的腹内存有两种化学物质，在遇到危险时，能迅速地融合并从屁股射出！这种酸液十分滚烫，除了可以瞬间杀死小虫外，对于大型生物也能带来强力的灼伤，可谓动物里的喷火专家！而喷射酸液时，必须以每秒 500 发的速度来发射，才能保护它们自己的屁股不被高温所灼伤哦！

原来我的火焰攻击是从屁股里出来的啊……

49 木星战士

没错，真的是脾气非常差的一个女孩……
你说的博士，该不会是秀珍菇造型，脾气很差的一个女孩子吧？
蘑菇的妹妹是秀珍菇？
超不合理
果然是她……那是我的妹妹……
没想到她还活着……
哥哥！
珍珍！
我们被怪物袭击后就走散了……
好！马上出发去找她！

咦？那是什么玩意儿呀？
呀！她没穿衣服！
吼吼吼吼！
救命呀……海里有怪物……
小姐，你没事吧？
破坏海洋者……都要付出代价……
我是腐烂神——稠稠尼拉拉……

热情沙漠火焰燃烧攻击！
好！赶紧先发制人！
你那种猴子吐火的把戏……
哈哈哈哈！
什么！竟然无效？
不行啦，兔子超怕水的，不敢接近！
月亮战士！快去帮火星战士呀！
……
我只会喷泡沫而已，派不上用场……

博士，你的口袋在发光耶！
亮
唉……紧急时候，却没有半个人派的上场。
什么?!木星的变身器竟然对她有反应！
莫非……
不管了！先帮她换上战士服再说！
是！
是！
木星战士！诞生！
靓丽

待会儿再开心！快使用你的电击招式帮助火星战士吧！
哇！有了这个头套，我在陆地上也可以呼吸了！
啊啊啊啊！
皮卡皮卡八百伏特电击！
你们总有一天会付出代价……
可恶啊……
蘑菇博士一行人打败了腐烂神，却觉得心情越来越沉重了……
难怪腐烂神会这么生气……
海里竟然这么多垃圾……

行动发电机电鳗

说到会发电的动物，你可能会想到可爱的皮卡丘，
但可惜，真实世界是没有皮卡丘的啦，
不过，却也有个很会放电的动物哦！

电鳗因为体型像鳗鱼而得名，但它并不是鳗鱼的一种哦！

电鳗是放电能力最强的淡水鱼类，因为身上布满大大小小的发电细胞，最高约能放出 800 伏特的电！这样的电量足以电死小型生物，也能将人、牛羊等大型生物电晕，是相当厉害的动物！而电鳗身上大部分都是绝缘的构造，加上水的电阻比电鳗身体小，因此在水里放电时，电流会经由水流通，所以电鳗就不会电到自己喽！

因为我很好吃，所以还是很多人会冒死来抓我！

50 金星战士

怎么会这样，本来这么漂亮的海滩……
仔细一看，这片海滩都是垃圾呢！
我海里的家外也是充满了垃圾……
还不只这些呢！
虾米？？？
呃……你后面好像有个庞然大物，拔山倒树而来……
出现

我是保丽龙怪—包包立隆隆……
我的出现就是海洋浩劫的开始……
这什么名字呀？作者真偷懒呢。
而且这是苞米香吗？突然好饿哦。
我好久没出场了！交给我吧！
兔宝碰碰拳！
呵呵，我还是很强的嘛。
灰飞
烟灭

咦？什么……
聚集
物理攻击对我是没有用的……
哈哈哈哈！
呀！竟然还变形了！
皮卡皮卡八百伏特电击！
让我们来！动感泡沫光波喷！
唔唔唔唔！

喝啊！
保丽龙果然是以难消灭出名。
热情沙漠火焰燃烧攻击！
那用火总可以吧！
这是什么臭味啊！
哇啊！
毒气
熏天
烧保丽龙有毒你不知道吗？傻耶！
天啊……好刺鼻的味道……

天啊！大家！
再来就给你们最后一击……
哈哈哈哈！
住手！
爱与正义的金星战士！现在要来惩罚你哦！咪！
抱歉，各位，我们来迟了！

旁边那只猫讲这种台词，都不害羞？
珍珍……太好了……
金星爱我呼噜噜♥
拿命来吧！包包立隆隆！
啊？
呼噜呼噜呼噜呼噜
呼噜呼噜呼噜呼噜

怎么说呢，这太犯规了吧……
好了，搞定。
大家！都没事吧？
五位战士们终于都到齐了！究竟最后会有怎么样的挑战在等着博士一行人呢？
哭什么啊，太夸张了吧……
哇，珍珍，太好了！
痛哭

无法抵挡的魔性呼噜声

大家有听过猫的呼噜声吗？那有点像是喉音的声音，
总是让很多饲主着迷。其实，会着迷是有原因的！
因为，猫真的会利用呼噜声来控制你哦！

近年养猫的人数以非常惊人的速度在增长哦！

哎呀，跟班真是愈来愈多了呢……

猫一般在开心、撒娇、不希望你离开的时候，会发出呼噜声（但也有的猫会在紧张、生气时发出）。英国大学的行为生态学家研究数十只猫的呼噜声，发现猫在面对食物等诱惑时，会混杂一些低频在原本的呼噜声中，而哺乳类动物（包含人）对于这样类似婴儿哭闹的音频特别敏感，也更容易有同情、怜悯等的回应。所以，猫主子的地位可不是光靠外表，让人无法逃避的呼噜声才是它们奴役人类的最大武器吧！

51 最终决战

蘑菇博士一行人一路披荆斩棘……
打败了许多怪物，伙伴们的实力愈来愈坚强……
却也发现，地球已经被破坏得非常严重了……
天啊……好大……比想像中还要惊人耶……
傻眼
看到了！那就是最终的大魔王吧……

我是暗黑大王福寿螺……
哈哈……我要让所有物种灭绝……
救命呀
不好了！许多原生物种都被粉红色的卵吞噬了！
那怎么可以！一定要赶快打败它才行！
原来如此，福寿螺这种生物对生态的危害这么大呀……

冲啊！
高昂
士气
好！我们上吧！姐妹们！
天啊！马上就灭团！
兵败
如山倒
好！我来看看古文书有没有写……
哥哥，怎么办！快想想办法呀！
如果遇到强劲的敌人，只要五位战士都到场……
有了！第五章第二节！

有这么方便的招数，一开始干吗不说……
并且每个人拿一根树枝，大喊咒语，怪物就能消灭了！
鲭鱼牛排沙朗！
屁屁卡屁缝拉拉不是黄金！
月饼蛋糕康康！
怕发霉卤肉拉鲁肉！
温体牛油花美！
拍立得碰碰胚芽！

鸡心霜降浪花！
相扑鲁鲁相扑鲁！
舒肥三明治发亮！
配饭卤菜蛋配凳！
请让怪物都消失吧！
司令台！
魔——幻——

啊啊啊啊！
大魔王这样就被解决了吗？
不甘心啊……
手速还真快呀！
他消失前写了一封信呢！
地球已经被严重破坏，若再这样下去，我们很快就会东山再起……
我来看看……警告地球上的生物：我们的出现不是偶然……

对啊！我还要赶快回家看书耶！
咦？再回来还得了啊！
不过，总算是守护住了这座城市，真是太好了呢！
我会想念你们大家的！
各位……虽然很不舍，但任务已完成，我们必须离开了……
咦？等等！
消失

先……先来救救我吧……
变身的时候要自己穿，变回来倒是蛮快的吗……
啊……衣服也变回来了耶……
就这样，城市又恢复了和平的生活，但蘑菇博士与秀珍菇博士却从此消失了，没有人知道他们从何而来，又去了哪里……
妈妈这么笨，竟然还可以当魔法少女！
哇！阿姨好酷哦！
以上，就是阿姨和你们妈妈以前的故事哦！
少来，你才是最念旧的吧！还弄以前当战士时的造型！
莫婵，都多少年前的事了，还跟孩子们说！

不过……也是因为有这对耳环呀！不然我们还以为那些日子是一场梦呢！
说来也真神奇，所有的装备都消失了，这对耳环却还留着呢！
毕竟她最近生了三胞胎吧，可能忙到忘记时间了！
张望
话说蕾咪怎么没来呢？今天是每周固定的净滩日呀！
哈喽！
抱歉，三个孩子实在是太爱闹了，弄了好久才出门！
啊！说人人到！蕾咪，这边这边！

哇，好可爱哦！看阿姨这边。♥
蕾咪，我想抱他们可以吗？♥
究竟博士他们是什么人呢？难道是外星人吗？
伤感
不过……也是因为有他们，才让我们知道平凡的日子有多宝贵呀……
你自言自语个什么劲？以为这里有摄影机吗？
吵死了！气氛都被你破坏了啦……
好啦！开始净滩喽！
今天也要爱护地球哦！
哦！

生物课随堂测验

Q1 外表呆萌无害，但千万不可以随便招惹的是？（多选）

Q2 无法睡个好觉的动物？（多选）

Q3 他们口中的美食，其他人无法消受的是？（多选）

Q4 育儿术与众不同的动物是谁？（多选）

1: 河马（P83）/ 鸵鸟（P47） 2: 斑马（P41）/ 大象（P89）
3: 无尾熊（P77）/ 狗（P33） 4: 兔子（P95）/ 北美负鼠（P93）

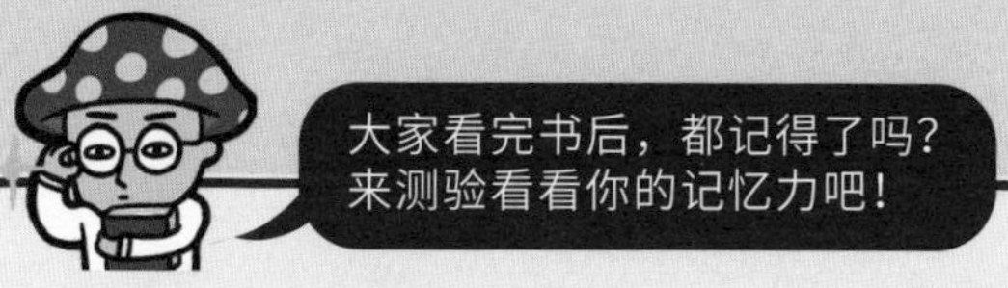
大家看完书后，都记得了吗？
来测验看看你的记忆力吧！

Q5 拥有最强视力和视角的动物是谁？（多选）

Q6 请指出五官功能跟别人不太一样的是谁？（多选）

Q7 怕老婆俱乐部的大咖级人物是谁？

Q8 以为很专情其实超花心的代表是谁？

5: 猫头鹰（P11）/ 兔子（P105） 6: 螳螂（P57）/ 蝴蝶（P27）
7: 狮子（P87） 8: 鸳鸯（P61）

森林探险
大富翁！
游戏人数：2~4 人　游戏方法：轮流掷骰子，先到终点者胜利
START
起点
1
2
3
4
猫头鹰带你飞
前进到
第15格
5
6
7
不小心踩到
装死的负鼠
退回起点
8
24
百万猜谜挑战赛
闯关失败
后退3格
25
26
得到袋熊的
方形便便一枚
也不能干吗
27
28
29
30
喂兔子吃红萝卜
害它中毒
后退9格
31
32
记得先到最后一页把骰子和角色旗子剪下来哟！

23
22 协助守护 睡觉的斑马 前进8格
21
20 和蛇赛跑惨输 退回起点
19
18
40 学啄木鸟啄木 结果脑震荡 暂停1次
39
38
17 被沫蝉的 泡泡包住 暂停1次
37 惹火羊驼 被吐了一身 后退8格
END 终点
16
36
15
33 不听蝴蝶劝阻 买了难吃水果 后退6格
34
35 帮无尾熊宝宝喂食大便 前进3格
14 帮助蝙蝠 排解纠纷 前进1格
9
10 鸵鸟相助 再掷一次骰子
11
12
13 逼大象跳跨栏 害它骨折 后退3格

后记／感谢

感谢你购买了这本《如果生物课都这么有趣！》，不知道大家对于这样用小漫画学知识的内容还喜欢吗？（欢迎私讯 FB 或 IG 告诉我）不过既然你已经把它看完了，我想这就是对我最大的鼓励了！

我在粉丝团《10 Seconds Class - 10 秒钟教室》分享图文创作，不知不觉也两年多了，能有这么多人喜欢跟支持，真的是很出乎我的意料也很荣幸（毕竟当时也是一边上班，一边利用闲暇时间画图），不过这就是人生奇妙的地方吧！谁知道将来会发生什么事呢？

我在第一本书的签书会时，分享了许多影响我人生的故事，最后，我送给自己一句话：“把羡慕别人的时间拿来充实自己吧。”直到现在我仍觉得非常受用。毕竟，别人的好总是羡慕不完的，多多充实自己，总有一天有机会崭露的，是吧？现在，也想把这句话送给你们，希望当你们感到无力、厌世的时候，也能好好沉淀，然后再振作起来出发哦！

有缘的话，我们第三本书再见啦！

Yan

图书在版编目（CIP）数据

如果生物课都这么有趣 / 10 秒钟教室（Yan）著．--
北京：中国广播影视出版社，2021.7
ISBN 978-7-5043-8624-3

Ⅰ．①如… Ⅱ．①1… Ⅲ．①生物学—少儿读物
Ⅳ．①Q-49

中国版本图书馆 CIP 数据核字（2021）第 021374 号

版权合同登记号　图字：01-2020-7664

如果生物课都这么有趣

10 秒钟教室（Yan）著

责任编辑　宋蕾佳　　　项目策划　卢宗源
封面设计　李宗男　　　内文设计　刘艳秋
责任校对　龚　晨

出版发行　中国广播影视出版社
电　　话　010-86093580　010-86093583
社　　址　北京市西城区真武庙二条 9 号
邮　　编　100045
网　　址　www.crtp.com.cn
电子信箱　crtp8@sina.com

经　　销　全国各地新华书店
印　　刷　嘉业（天津）印刷有限公司

开　　本　880 毫米 ×1230 毫米　1/32
印　　张　5
字　　数　24（千）字
版　　次　2021 年 7 月第 1 版　2021 年 7 月第 1 次印刷

书　　号　ISBN 978-7-5043-8624-3
定　　价　35.00 元

附录
森林探险
大富翁！
选我就对啦，我是主角！
选我啦！拜托！
我这么可爱，不选吗？
有我帮忙是你的福气哦！
1P
蘑菇博士
2P
小翔
3P
发哥
4P
朱美美
这些是我的大便。
将角色剪下后，就可以玩P144的森林探险大富翁喽！